U0111973

婦幼天地
52

# 小孩
# 髮型設計

Marvel P.D.Clip/著

李芳黛/譯

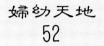
大展出版社有限公司
DAH-JAAN PUBLISHING CO., LTD.

## 給媽媽與小孩的話

　　最近媽媽都很善於裝扮，對於小孩流行的關心度也提升。市面上出現童裝、童鞋、兒童飾品專櫃，母親好好將小孩打扮一番，是多麼愉快的事啊！

　　本書為各位母親及小孩介紹簡單小孩髮型，從清爽型至正式場合宴會型，挑選適合各種場面的髮型。希望經由本書，可讓母親為自己的小寶貝設計出最出色大方的髮型。

　　為使本書更增加效用，也可在上美容院時攜帶，當髮型範本。

# ❤ 目　　錄 ❤

## 基本技巧

## 正式宴會型

## 小孩髮型ABC

## 基本技巧
## BASIC

　　媽媽最常為小孩梳理的髮型是辮子及馬尾，請再一次確認其基本技巧。

### 橡皮筋結法

　　橡皮筋不要用成圓形套，像繫繩子一樣才會緊。最方便的長度是15公分。用左手大拇指壓住橡皮筋的一端，用力繞2~3圈，兩端交叉2次拉緊，再打一個結。多餘部分剪掉。

### 馬尾辮

　　只要是女孩子，每個人都適合綁馬尾，將後面頭髮緊緊拉起紮成一束即可。

Gorden Point

**1** 將頭髮大致吹乾，微濕的頭髮比較好梳。用髮梳將頭髮全部梳到頭後最高位置，此位置在下顎、耳前連結線的延長線上，平衡感最佳，但因人而異，可配合小孩頭形調節。

**2** 用橡皮筋或鬆緊帶將頭髮紮緊。這時下顎往上略抬比較好綁。

## 辮 子

最受歡迎的辮子，請左右對稱而編。

---

**1** 頭髮微濕左右對稱分開。將分開的頭髮再分成 3 等分，分量相等的頭髮編起來最好看，一開始從最內側的頭髮 A 與中央 B 交叉。

**2** 接著外側頭髮 B 與中央交叉。

**3** 接下來，兩側頭髮向中央互相交叉，保持一定的力道編辮子。另外一邊也一樣從內側頭髮 A 開始與 B 交叉，接著外側頭髮 C 與中央交叉。左右對稱而編。

**4** 最後以髮帶繫在髮尾即完成。

## 往內編辮子

這是辮子的應用，愈編頭髮愈薄。

1 將最頂端的頭髮分成三等分，最初將 3 束頭髮編一次辮子。

2 取少量側面頭髮 D，與 B 混合後與 C 交叉。

3 同樣方式，取右側頭髮 E，與 A 混合後再與中央頭髮交叉。繼續取一側頭髮編入。

4 最後以髮帶繫住。

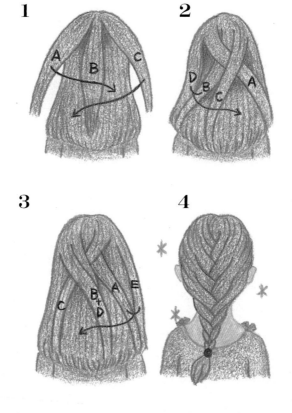

## 單側辮子

這是前項辮子變型。只用臉側的頭髮編成。

**1** 從耳後取一些頭髮分成３等分。（左右均同）

**2** 將左側頭髮Ａ與中央頭髮Ｂ交叉，再將右側頭髮Ｃ與Ａ交叉。

**3** 接著取些臉側頭髮Ｄ，與Ｂ混合後再與Ｃ交叉。右側就這樣一直與中央交叉。同樣接著只取臉側頭髮與中央交叉。

**4** 最後以髮帶繫緊。（另外一側左右相反）

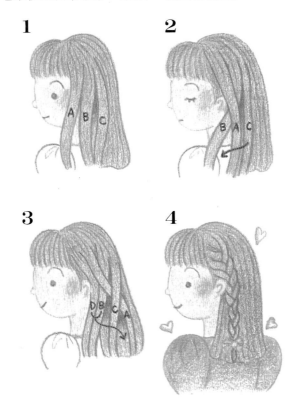

## 結繩編

和捲繩子一樣，將頭髮分成 2 分，充分扭轉後再互相交叉而編。與辮子的外觀不同，希望各位母親記住這樣技巧。

**1** 將頭髮中分成 2 個馬尾，在等高處繫緊，再將馬尾分成 2 等分，每等分向同方向扭轉。

**2** 扭轉後將 2 根髮束依扭轉反方向交叉。最後用髮帶繫緊。

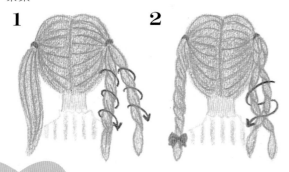

## 扭　轉

單單只是扭轉髮束，但卻給人清爽的印象。這是非常簡單的技巧，只要扭轉兩側髮束後用髮夾夾緊即可，能在短時間內完成。

**1** 將左右兩側頭髮取耳上部分向內側扭轉。

**2** 扭轉完成後的 2 根髮束往頭髮中央位置交叉，在交叉處用髮夾夾緊。

## 捲　髮

在特別場合頭髮也應該裝扮一番。小孩燙髮比較不容易，可利用電熱捲髮器。

**1** 將全部頭髮上捲子。如圖所示，先分層分段比較容易捲。當然，捲髮方式依造型而異，此處介紹整頭捲髮。在捲頭髮之前噴些髮膠比較容易造型。

**2** 從最後下方順序往上捲。側面也一樣由下往上。前面頭髮也上捲。夾髮捲的夾子最好夾在靠皮膚側，這樣比較美觀。

**3** 捲好後等10～15分鐘，接著小心拆卷子。最後用手輕輕梳理捲髮即可，不要用髮梳。

## 小辮子 小波浪

微捲的小波浪頭也是女孩子喜歡一試的造型。可以利用自然捲的電熱捲髮器，討厭熱的小孩可採用編幾個小辮子的方式。

**1** 將頭髮噴濕後，編8～10條小辮子。

**2** 利用吹風機將頭髮吹至全乾後，將所有辮子拆除。想使髮型更持久者，可以在睡前編辮子，隔天早上起床後再拆。辮子編得愈細，捲度愈小。

編辮子的高度不同，感覺也不同。頭髮多的小孩分上下兩段編也不錯。

**1**

**2**

FUWA~
FUWA~

# 正式宴會型

開學典禮、畢業典禮、才藝發表會、當新娘小花童……，小孩世界裡也有許多這種正式場合。決定服裝之後，也應該針對髮型設計一番，以展現媽媽的實力。

可愛的造型。充滿捲度、充滿夢幻，很適合結婚典禮裝扮。

**S**IDE

基本型非常簡單，只要在捲曲處別上可愛髮夾，就充滿可愛的表情。

1●先將頭頂兩側頭髮
　往後梳，集中在頭部
　，用黑色橡皮筋綁好
　。

2●將剩餘在後的頭髮全
　部上捲。

3●拆下髮捲後，輕
　輕整理頭髮。將髮
　束弄鬆，從髮尾慢
　慢往上滑，以使頭
　髮蓬鬆。

4●最後別上蝴蝶
　結。

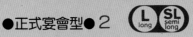

適合端裝的小女孩。

在高聳的頭髮上繫上一個大蝴蝶結，多可愛啊！

配合衣服顏色的蝴蝶
結是很出色的裝扮。

14

1●兩側頭髮留下,只將
後側頭髮用黑色橡皮筋
紮成馬尾。(照片為使
讀者看清楚而使用白色
橡皮筋)

2●兩側頭髮往內側扭轉後
,交叉固定在後側髮束處
下垂。

3●將垂在後側的頭
髮全部捲在頭後成
髮髻。

4●用髮夾將頭髮固定
後插上蝴蝶結。

在蓬鬆的捲髮上
開滿季節花……。

如果沒有鮮花,用裝飾品別在髮上亦可。請讓媽
媽的巧思呈現最完美的演出。

1●將全部頭髮上捲。前
額頭髮向上捲。

2●拆下髮捲後,前多留
些頭髮,其餘頭髮在頭
頂處紮緊。這時橡皮筋
繫鬆一點。

3●將髮束往前拉後
,在髮結處用夾子
夾緊。均勻地整理
髮尾的捲度於頭頂
上。

4●前額頭髮利用
髮膠向後豎立。

5●用髮夾固定前髮。最
後別上鮮花。

使小孩頭髮生動，繫上蝴蝶結適合典禮的造型。

高雅的造型。得在蝴蝶結上
下工夫，小心不要鬆掉了。

1●頭髮全部上捲。

髮際處用橡皮筋綁好。

2●除了髮際處的頭髮外
，其餘全部纏到頭頂部
。髮際處的頭髮用黑色
橡皮筋繫好。從前方繞
過來的蝴蝶結髮帶，兩
端交叉和髮束綁在一起
。（當然普通綁法亦可
，但這個方法蝴蝶結比
較不容易脫落）

3●將纏在頭頂的頭
髮全部放下，並用
整髮器梳理整齊，
最後將蝴蝶結夾上
去。

重心偏向一側的捲髮

展現小公主風情。

穿上豪華小禮服時，髮型也應該華麗些。可活用鮮花、飾品裝扮。

# ●●● PROCESS ●●●

1●除了瀏海外全部往後梳，分上、中、下3段，用橡皮筋繫好。重點是上段頭髮少一點。

2●將各髮束上髮捲。

3●拆下髮捲時。

4●從最上段髮束取一些頭髮，用髮夾固定在髮帶處，使頭髮流露出柔和的感覺。

5●最後別上髮飾完成。

小辮子呈現的小波浪型。側面繫上蝴蝶結，很適合出門訪友的造型。

這種小波浪是女孩子喜歡嘗試的髮型之一。可在前一晚睡前編辮子。

1●除了前面的瀏海之外，其餘頭髮全部編成許多小辮子，
　隔一夜後再拆下來。想要波度大就編粗一點的辮子，想要
　波度小就編細一點的辮子。
　（照片所示為編 20 根
　辮子的造型）
　時間緊迫時利用整髮器也
　可以。

2●繫上蝴蝶結。照
　片所示為雙色蝴蝶
　結。先用髮帶在側
　面繫一個結。

3●再將另一個蝴蝶結
　放在此髮帶上，從中
　心繫住後夾上髮夾。

在特別的日子裡，搭配豪華服飾做貴夫人裝扮。

戴帽子時，先確定配戴位置再設計髮型。

1●側面及前面頭髮留一
　點，其餘頭髮盤起來，
　在頭頂稍側面綁黑色結
　。

2●兩側頭髮集中在耳
　上，用手指捲成圓形
　後以髮夾固定。

3●後面頭髮也
　往上捲夾住。

4●最後用髮夾固定帽
　子。

捲成肉圓形狀的小包包頭簡單又可愛。

從側面看也是可愛的造型。可用髮夾裝飾……。

1 ● 除前面頭髮
之外，全部頭
髮左右中分，
在耳上綁黑色
橡皮筋。

2 ● 馬尾部分從後
向前捲，多用
些黑色髮夾固
定，不要讓它
掉下來。

3 ● 裝飾髮夾
夾在中心。

將女孩裝點得亮麗動人。
白色的頭花
感覺好像新娘一樣！

SIDE

將所有捲髮集中
在後側的造型。最後
噴些髮膠以防頭髮散
掉。

28

1●將全部頭髮上捲子。

2●拆下髮捲後，用手
輕輕整理。請記得不
可以用梳子梳。

3●像照片一樣，沿著頭
形夾髮夾。

4●將髮尾邊扭轉邊往上
以夾子固定。最後再用
髮夾固定頭花。

如大人般優雅的外出造型

這是不必用橡皮筋的簡單造型。將頭髮縱分後
扭轉往上，讓髮尾在頭頂自然飄盪。

1●頭髮全部上捲子。拆
下捲子後將頭髮縱分，
之後從前向後往上扭轉
。在頭頂部位夾髮夾，
讓髮尾的蓬鬆充分表現
出來。

2●前面頭髮也一樣扭轉
後用髮夾固定。注意要
讓髮尾擴散開來。

4●裝飾品兩側以髮夾固
定。

在舞會中一定備受矚目的小公主造型。

左右編兩條辮子的簡單造型。在編辮子的同時，用手指拉一拉，使波度顯示出來。

1 ●將後面頭髮左右中
分，各在耳上編辮子
。編好的部分用手指
拉一拉，使波度顯示
出來，這時候在髮尾
綁上橡皮筋就不好控
制形狀了，所以要邊
編邊拉。

2 ●左右都編好之
後，將辮子在
頭髮位置交叉
，再用髮夾夾
緊。

3 ●在頭頂別上蝴
蝶結。

向你問聲早安的清爽型。前面光亮、後面捲髮，非常俐落的感覺。

襯托天真無邪大眼睛的設計有很多種，像這款
與洋裝搭配得宜的髮型，就給人清純可愛的印象。

1●將頭髮全部上捲
。放下髮捲之後，
從前髮際開始中分
。後髮際處綁馬尾
，用黑色橡皮筋，
髮尾逆梳使蓬鬆感
出現。

2●髮尾向上拉，
用髮夾固定。

3●前髮左右以髮
夾固定。

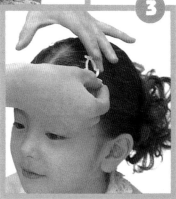

有捲度的高聳髮型，是很適合婚禮、舞會的柔和設計。

同樣是捲髮，但如果巧妙利用逆向梳理，就會像這個髮型般出色。再別上髮飾點綴。

1●除了前面瀏海外，其餘頭髮如照片分成6束，各用黑色橡皮筋繫緊。

2●每個髮束的頭髮利用梳子倒梳，出現蓬鬆感。

3●所有頭髮倒豎起後，將髮尾拉至頭頂，用U型髮夾固定。讓髮尾飄揚。

4●最後綴以髮飾完成。

使髮束看起來
結實的造型。

普通直髮也能做
的造型。嫌繩編麻煩
者，編辮子也可以。

1 ●除了前面瀏海之外，
將其餘頭髮編數個辮子
後，睡一晚隔天再拆除
。除髮際處頭髮外，其
餘紮成馬尾用黑色橡皮
筋綁好。

2 ●剩餘髮際處的頭髮分
成左右，各編成繩狀。

3 ●將編成繩狀的頭髮從
下往上交叉。

4 ●髮尾呈漩渦狀向
左右以髮夾固定。
捲入時成為左右對
稱的形狀。

我是主角的發表會。
利用慕斯做造型。

　　很難做出變化的男孩頭髮，也可利用吹風機和手
梳理，最後再抹上慕斯做造型。

1 ●將頭髮用
水噴濕。

2 ●利用吹風機將髮
根吹高，可用手拉
高以協助頭髮豎立
。

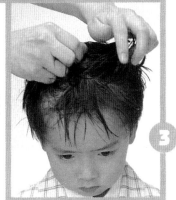

3 ●最後在髮尾抹上
慕斯，製造動感效
果。

長髮也可設計出
短髮般的俏麗造型。

改變總是長髮的
感覺，利用辮子設計
出優雅髮型。

# ●●● PROCESS ●●●

1 ●除前髮之外，其餘頭
髮分成中央、兩側3等
分，將頭頂部分紮緊，
髮尾部分上捲子。

2 ●捲子拆下後，各
髮束編辮子至耳下
部位。

3 ●將編成辮子的3
束頭髮再合編成大
辮子。髮尾部分放
置。

4 ●編好的部分倒向
前方用髮夾固定。
將髮尾部分拉往兩
側及後部，遮住髮
夾部分。

5 ●將髮尾頭髮扭轉，
使之往頭皮部分呈現
出捲度，最後別上裝
飾蝴蝶結即可。

使整束頭髮呈現稀疏可愛的造型。飾品是重點。

這種髮型往往流於成熟，所以請以可愛的髮飾裝點出小孩純真之貌。

1●將全部頭髮上捲子。

2●拆除捲子之後，頭頂的頭髮用髮梳梳好後放置。側面頭髮分成 2 份，交互扭轉後與髮際髮根結合，用黑色橡皮筋綁住。髮尾留多一點。

3●左右髮尾向中心以髮夾固定，使髮尾呈現蓬鬆的散漫感。剩下的頭頂部分頭髮分成 2 份，輕輕扭轉 1～2 圈後夾在後頭部。髮尾呈圓形夾住。

4●在兩側耳上別髮飾。

在純白的洋裝、花朵配合下，看起來像小天使一樣的可愛造型。

以馬尾為基本的高聳髮型。使上過捲子的髮尾呈現自然膨鬆貌。

SIDE

1●在耳朵與耳朵之間畫
個弧形，將頭髮分為前
後，後半部綁成馬尾，
馬尾部分與側面頭髮上
捲子。

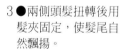

2●拆下捲子後，髮
尾部分往前倒，夾
子夾在髮根部分。
為了使髮尾膨髮高
聳，請利用U型夾
固定髮根部。

3●兩側頭髮扭轉後用
髮夾固定，使髮尾自
然飄揚。

4●別上裝飾花朵。

抹上一層髮油線條分明的西裝頭，有點裝模做樣的味道……。

穿上西裝後，髮型也要像大人一樣。中分往後梳，使線條明顯呈現出來。

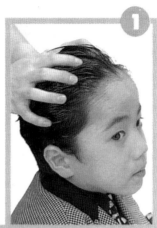

1●在頭髮上抹一層油
。

2●以梳子中分梳理
整齊。

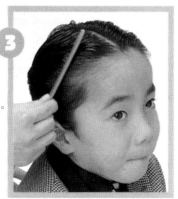

3●後梳讓線條分明。

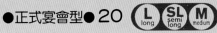

入學典禮中的高雅髮型，
看起來像媽媽一樣典雅。

前面頭髮突出，兩側及後頭部分紮緊，給人清爽俐
落的印象。

1●如照片所示，將頭頂
頭髮扭轉。

2●髮束往前壓出，
製造出突起的感覺
。用梳子柄稍微整
理好。

3●決定造型之後，在手
壓住的位置夾髮夾固定
。

4●突起頭髮的髮尾
及兩側頭髮一起綁
成髮束。

5●在髮束橡皮筋處夾
髮夾遮蓋。

髮尾膨鬆的2個小包包頭，是小女孩非常喜歡的造型之一。

二個整齊的小包包頭似乎有些呆板，髮尾蓬鬆飄盪就顯得清快可愛多了。

1●除瀏海外，其餘頭髮
　中分，往上梳、左右均
　如照片所示向內轉。

2●兩側做成包包頭後用
　髮夾固定。（捲入方向
　必須左右對稱）

3●用U型夾在周圍加強
　固定。

4●拉出髮尾張開使
　之呈現蓬鬆狀，最
　後再別上裝飾品完
　成。

兩側輕鬆的辮子造型，髮尾捲曲很迷人。

左右頭髮編有彈性的辮子，髮尾多留一些以凸顯捲曲的魅力。

## ●●● PROCESS ●●●

1●除瀏海外，整頭上
　捲子。

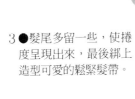

2●拆下捲子後，將
　頭髮中分成２束，
　從側面鬆鬆地編織
　。

3●髮尾多留一些，使捲
　度呈現出來，最後綁上
　造型可愛的鬆緊髮帶。

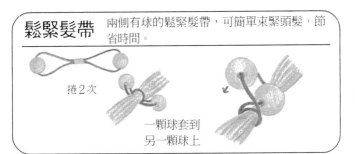

**鬆緊髮帶** 兩側有球的鬆緊髮帶，可簡單束緊頭髮，節
省時間。

捲２次

一顆球套到
另一顆球上

羅曼蒂克的大捲度
與蝴蝶結造型，
永遠是女孩子的最愛。

頭髮中分後上捲子。為了使捲度漂亮，必須
講究捲法與綁法。

1●將頭髮中分,在耳後
　位置綁橡皮筋。髮尾全
　部上髮捲。

2●捲度出現後拆下
　髮捲,然後從髮束
　中取下一些頭髮,
　捲在橡皮筋上,再
　以髮夾固定。

3●為了使束髮處也出現
　捲度,可從捲髮中取些
　頭髮往上拉至束髮處夾
　緊。

4●將蝴蝶結別在束
　髮處。瀏海往內吹
　。為使捲度持久,
　可噴些定型液。

很適合正式場所的高雅造型。

半長髮型也可以做出的造型。兩側往上捲的頭髮要仔細梳理，呈現出頭髮線條美。

1●將頭髮抹慕斯，耳朵
與耳朵之間畫圓弧將頭
髮分成前後二半，後半
部頭髮紮成馬尾綁好。

2●前半部頭髮旁分
，兩側頭髮向內側
扭轉後，在馬尾結
處交叉以髮夾固定。

3●前半部的髮尾往上
盤在髮夾處。

4●馬尾分成左右2
半，捲成蝴蝶形的
圓形，蓋住髮結以
髮夾固定。

5 ●以大蝴蝶結別
在後頭部中央，
以髮夾固定，前
半部左右個別小
蝴蝶結。

正式宴會型 —— 59

【從洗頭至吹乾】

小孩容易流汗，在外遊玩也很容易沾灰塵，所以盡可能每天洗頭確保清潔。洗頭後也應盡快吹乾，以免感冒。以下介紹不弄痛頭髮的基本技巧。

## SHAMPOO & RINSE

洗髮精
和潤絲精

## ●選擇溫和洗髮精

只要是刺激性少的洗髮精，大人小孩都可以用。害怕洗髮精的小孩，可用毛巾矇住眼睛，即可防止洗髮精流到眼睛裡。使用潤絲洗髮精更方便。

●洗髮前充分梳
開頭髮

1 在洗頭髮之前仔細梳理頭髮，可讓污垢浮出頭皮，容易清洗。

**2** 一開始用溫水淋濕整個頭部。這個步驟做得好，可讓大部分污垢掉落。

● 抹洗髮精之前
　充分沖水

**3** 洗髮精不要直接倒在頭上，應該先倒在手上揉出泡沫後再洗髮。

**4** 用指腹輕輕按摩頭髮，不要用指甲使力抓，才可避免疼痛。

**5** 用溫水慢慢沖洗，直到洗髮精完全乾淨為止。

**6** 將潤絲精塗在手上，再塗抹全部頭髮，數分鐘後用溫水仔細沖洗乾淨。為了提高潤絲效果，可用毛巾包住頭髮蒸幾分鐘。

MUSHI
MUSHI

● 潤絲後以毛巾
　裹頭髮使效
　果倍增！

# ●保護秀髮必須充分
## 吹乾水分

在頭髮尚未完全乾的狀態下就寢，頭髮也會疼痛，而且容易感冒。所以一定要養成頭髮完全乾後才上床的習慣。

**1** 以毛巾包裹頭髮，邊拍邊移動毛巾瀝乾水分。避免摩擦頭髮，以免頭髮受傷害。

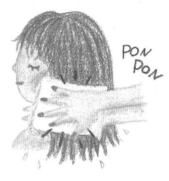

**2** 用大齒梳子梳理後，再用毛巾擦一次頭髮。

**3** 利用吹風機在 10 公分以上距離處，以溫風吹頭髮。以手撥弄頭髮，使頭皮也充分吹乾。

**4** 頭髮多的人，從內側下面頭髮順序往外吹，髮梳從內側
上方往下方梳，吹風機也順此方向吹。

## BRUSHING

# ●梳頭髮時
# 　從髮尾陸續往上梳

梳頭髮是為了使頭髮整齊漂亮，也可以保護頭髮健康
。

**1** 髮梳建議使用圓頭、不
會產生靜電的產品。在
頭髮濕潤的狀態下梳頭
髮會痛，一定要在乾頭
髮的狀態下梳頭髮才正
確。

**2** 先從髮尾開始，然後中間
部分，最後才梳髮根部分
。開始就從髮根往下梳，
會因拉扯頭髮而造成疼痛
。長頭髮更應分段梳理。

# ✿髮型用具✿

　　為了使頭髮更亮麗，道具當然不可少。最好是親子可共用的物品。

## 【梳子】

　　大人用的梳子也可以。有許多種類，可配合用途使用。

**軟墊梳**────────────────

　　橢圓形的墊子部分是橡膠製，有彈性，適合整理髮順、紮頭髮時使用。

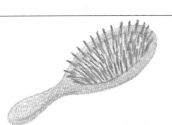

**排骨梳**────────────────

　　排骨梳就是外型像排骨的梳子。間隔粗，梳理時不會破壞原有髮型。

**丹麥梳**────────────────

　　梳齒呈扇狀，通風性佳，是最適合吹風造型的梳子。

**滾筒型梳**────────────────

　　呈放射狀的梳子，在整髮完畢後使用。適合邊旋轉邊往內側捲。

# 【小梳子】

尾梳

　　頭部附有尖型柄
的梳子，齒距小而細
。在逆梳使頭髮豎立
時使用。注意不要刺
到小孩的眼睛。

整理梳

　　剪頭髮時或造型
時使用的梳子。齒距
有分疏密，配合情形
使用很方便。

# 【吹風整髮器】

　　吹風機一定要離頭髮 10 公分以上距離。此外也有吹
風機頭附髮梳及蒸氣式烘乾機，可選擇適合者使用。最重
要的是不要在同一處連續吹太久，以免過熱傷害頭髮，應
邊移動邊吹乾。

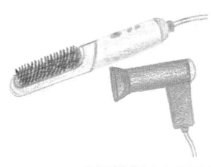

# 【噴霧】

頭髮必須噴濕的場合，應該使用噴槍噴射呈霧狀。

# 【髮夾】

　　造型不可缺少的髮夾，種類非常豐富，依形狀不同，使用方式也不同，注意在小孩不痛的原則下有效利用。

## 美國式夾、小夾
　　想夾緊的時候夾力強的髮夾。種類很多，小孩建議使用圓形髮夾。

◆使用方法＝與頭髮流向呈垂直效果最佳。

## U型夾
　　集中頭髮或不使頭髮零亂時加強時使用不顯眼的U型夾。有大小尺寸。

◆使用方法＝基本上與頭髮梳理反方向。盤髮髻的時候，一開始與肌膚垂直插入，如果碰到頭皮就向外壓下，向內插入。

## 單條夾、雙條夾
　　作波浪造型或捲髮時使用。

## 彎型夾

　　吹乾頭髮時使用。最近也被當成裝飾品，有許多可愛造型設計。

◆使用方法＝將頭髮分層，用手一層層捲起，髮夾與頭皮平行夾住。

## 波浪夾

　　做波浪造型時，先用這種髮夾使之定型，過一會兒再拆下來。此外也可用於梳頭髮時。

# 【髮捲】

　　電熱髮捲對於想使頭髮盡快呈現弧度很方便。使用電熱髮捲時，先將捲子溫熱後再捲髮，10～15分鐘後拆除，就會出現漂亮的波浪形狀。上捲的頭髮太多不容易捲，波浪也不好看，應取適量髮束。在上捲之前噴些定型液，可使髮型更持久。

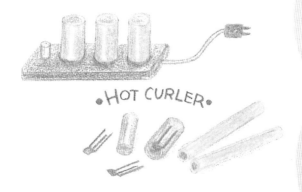

# 【各種造型劑】

小孩子的頭髮平常什麼也不必塗抹，正式或造型時才配合目的及髮質使用造型劑。

## 慕斯(mousse)

泡沫狀造型劑，用手均勻塗抹在頭髮上，或者用梳子梳。塗抹上慕斯後，使頭髮容易造型，沒有鬆垮垮的感覺。分為硬性與軟性。

## 造型膏(mist)

想讓前面頭髮立起之類部分造型時使用。頭髮乾了之後容易成型。

## 髮雕(jelly)

膠狀造型劑。特徵是造型力強。硬性有黏在一起的感覺，軟性則像被弄濕的感覺。

## 定型液(set lotion)

上髮捲時噴一些定型液，可使捲度持久。

## 造型噴霧(spray)

要長久維持造型時，請噴些造型液。小孩子請選無香料的。

## 潤滑油(grease)

使頭髮看起來像沾濕一樣光亮。用細梳子梳理後，即出現明顯線條造型。

# 剪髮篇
## 完成美麗的造型

　　很多小朋友都是由母親動手修剪頭髮,可是這並不是件簡單的事……。現在就請專業美髮師教你一些剪髮技巧。

## ●●●剪髮用具●●●

**剪刀**

　　一定必須準備剪髮用的剪刀。一般工作用剪刀會使頭髮疼痛。另外一併準備打薄用的「削刀」等更方便。

**梳子**

先前介紹的尾梳在頭髮分線時用,剪髮時用整理梳。

**其他**

還要準備彎型夾、除髮刷、吹風機等。

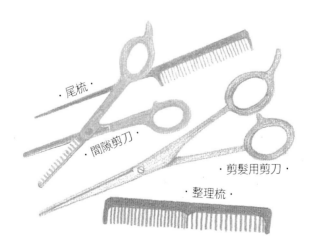

・尾梳・

・間隙剪刀・

・剪髮用剪刀・

・整理梳・

剪頭髮的訣竅是……

●剪髮之前應先用噴槍將頭髮噴濕。剪髮途中乾了再繼續噴濕。頭髮乾了之後會往上縮短一些，所以剪髮時應留長一些。

## 剪女孩子頭髮

從長髮剪至下顎部位。是富變化的髮型。

BEFORE

**1**

1 將頭髮噴濕，後頭部頭髮中分。除了最先剪的後下側毛髮外，其餘頭髮全部夾起。下側頭髮以手夾住，決定長度後與地面平行剪下。

　　配合最初髮長往上剪。

2 側面也和後側線對齊剪下，而且也和後側一樣，一層一層往上剪。另外一邊的側面，後面也和這一邊一樣剪法。

　　剪側面頭髮時要從前面看，檢查兩側是否同長。

**2**

●不要因為怕麻煩就一次剪大量頭髮，這樣會使髮尾不整齊。一定得將頭髮梳整齊後分層剪。

**3** 臉側的頭髮應該呈圓弧度，所以剪刀向下方斜入。

**4** 然後再縱向剪髮。

**5** 前面頭髮取一小撮，向髮尾縱向伸入剪刀。全部剪好後用吹風機吹乾，最後再用細梳子仔細梳理檢查一次，完成不整齊的部分。

完成造型是旁分，多髮的一側像貼在臉頰似的向前梳，另一側塞在耳後。呈現多髮裝扮造型。

AFTER

剪頭髮的訣竅是……

●小孩是很沒耐心的，在剪前面頭髮時，最好讓小孩閉上眼睛，以避免危險。另外剪耳際頭髮時，也應以手貼在耳旁，以防傷害耳朵。

剪男孩子頭髮

用削刀削薄，輕輕自然地剪！

BEFORE

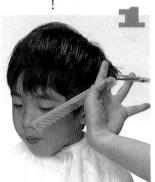

**1** 將頭髮噴濕，開始剪的一側將頭髮梳橫向，用手指夾住頭髮。照片是縱向從髮尾伸入剪刀，從下往上陸續前進。

**2** 從側面往後方前進，後側也一樣由下往上剪，下側再用削刀削薄。

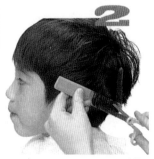

**3** 頭頂頭髮縱向用手指夾住，拉高後順著後側頭髮形狀自然地剪，再將剪刀垂直剪髮尾。

●最近市面販售各種方便剪髮用具，連外行人都能夠自行剪髮。還有專為兒童設計的電動理髮器，刀刃不會傷害皮膚，維護剪髮安全性。準備這些安全道具更增加方便性。

**4** 前面頭髮一點點地斜剪。可如照片所示抓一些頭髮剪下，也可利用剃刀。

**5** 往上拉起的頭髮不要剪齊，應該剪得自然。完成後用吹風機吹乾頭髮，再修剪不整齊部分。

AFTER

完成造型抹些慕斯，用手伸入髮尾撥弄，使自然感呈現。前面頭髮稍微立起比較好！

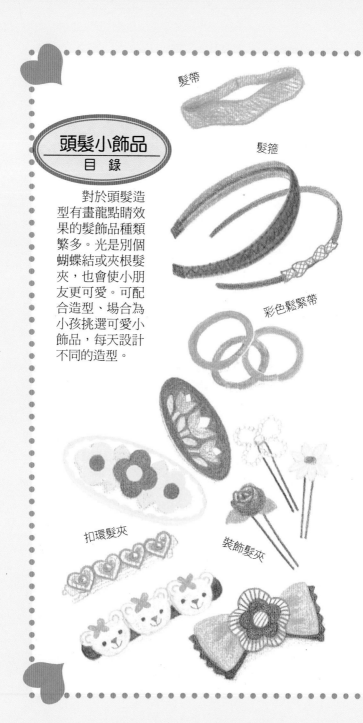

髮帶

髮箍

　　對於頭髮造型有畫龍點睛效果的髮飾品種類繁多。光是別個蝴蝶結或夾根髮夾，也會使小朋友更可愛。可配合造型、場合為小孩挑選可愛小飾品，每天設計不同的造型。

彩色鬆緊帶

扣環髮夾

裝飾髮夾

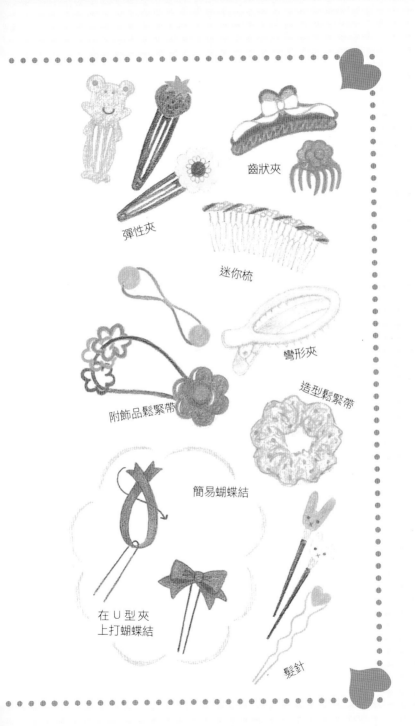

齒狀夾

彈性夾

迷你梳

彎形夾

造型鬆緊帶

附飾品鬆緊帶

簡易蝴蝶結

在 U 型夾
上打蝴蝶結

髮針

## 頭髮用語

### 頭髮部位的名稱

　　美髮師專用的頭髮各部位名稱如下。

back＝從側面看耳朵之後、髮際之上。

nape＝髮際的部分。

top＝頭頂部。

side＝側頭部。

bang＝瀏海。從眼尾至頭頂圍成的三角形部分。

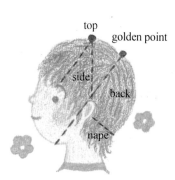

### 黃金重點(golden point)

　　指的是下顎與耳上連結延長線狀的頭頂部位，在頭頂稍後位置。此位置連結是使髮型看起來均勻的重點。

### 耳與耳連結線

　　從耳上位置通過頭頂至另一耳上的連結線。是分前後部分頭髮時常使用的線。可用尾梳分線。

### 髮髻

　　就是將頭髮盤成一個小肉圓狀。

高聳和服型

在祝賀小孩成長的特殊節日裡，每一位媽媽都希望自己的小孩最可愛。以下介紹幾款媽媽也能親自動手做的簡單造型。夏天裝扮這些髮型也很涼爽。

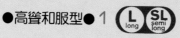

作幾個小髮髻，可愛又柔順的造型。

很簡單的做法，卻留下深刻的印象。髮夾必須夾緊以防鬆散。

78

1●除了前面頭髮之外，
　其餘捲7個髮捲，各
　用黑色橡皮筋綁緊。
　從下面2捲往上捲。

2●髮帶從後頭部中心的
　捲子繞向前方，用髮夾
　固定。

3●拆下髮捲的樣子。

4●髮帶中間的髮束髮尾
　捲成圓形，向前拉出
　用髮夾固定。

5●後方下側的2個髮束
　，髮尾捲成圓形塞到髮
　帶內，用髮夾固定，其
　餘髮束也依此方法捲成
　髮髻後用髮夾固定。

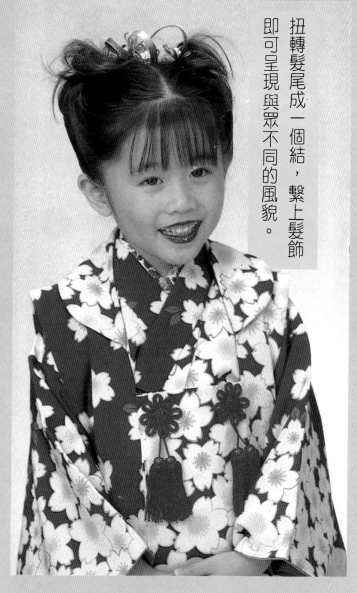

扭轉髮尾成一個結，繫上髮飾即可呈現與眾不同的風貌。

重點是扭轉兩側頭髮往前固定。髮尾就讓它自然飄揚……。

1●除前面頭髮之外，其
餘頭髮中分。如照片所
示，左右兩側各用夾子
固定。

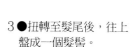

2●左右頭髮均向內側扭
轉，扭轉部分以髮夾與
基礎部分固定。

3●扭轉至髮尾後，往上
盤成一個髮髻。

4●必須以髮夾固定，使
頭髮不至於鬆散，但髮
尾要呈現自然飄揚的感覺。

5●最後繫上喜歡的髮飾。

髮帶與頭髮一起
編成辮子的高雅造型。
重點在於髮飾。

髮帶突出至最高處
的造型。側面的髮飾是
重點。

1●除前面頭髮之外,其餘頭髮均上髮捲,側面及後面向上捲。

2●拆下髮捲後,在頭的最高位置紮馬尾,用黑色橡皮筋綁緊,再將髮帶與髮結固定。

3●馬尾分成2等分,與髮帶合編成辮子。髮尾多留一些。

4●編好後往馬尾辮髮結部分纏繞,並以U型夾固定。剩下的髮帶打一個結,以U型夾固定在最上端。辮子的髮尾往前散開。

5●前面頭髮旁分梳整齊。

6●在側面別上髮飾。

男孩子的額頭全部露出來，顯出威風凜凜的精悍架式。

男孩子的頭髮顯出日本男兒的威武氣概。

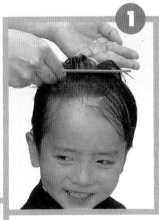

1●將頭髮抹髮雕。

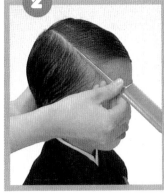

2●用尾梳以7：3比例
分線。

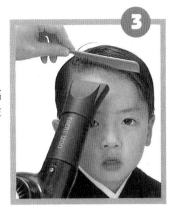

3●分線附近的頭髮吹高
一點，必須用吹風機從
髮根處吹。

後側樣子也很可愛，以大髮髻為重點的優雅造型。

大髮髻與紅色髮帶的組合，很有正式的味道。髮髻的紋路要梳理好。

1●頭髮全部上髮捲。前頭
部、側面、後下方均往上
捲。拆下髮捲後，耳後的
頭髮用黑色橡皮筋綁成馬
尾。

2●除了頭頂的髮束之外，兩
側頭髮各編半段辮子。重點
在於將辮子往上拉起而編。

3●編好的髮束在後側髮結
處交叉，以髮夾固定。

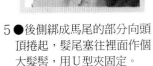

4●頭頂部分的頭髮柔順地
扭轉，以髮夾固定。髮尾
呈現圓形狀放置。

5●後側綁成馬尾的部分向頭
頂捲起，髮尾塞往裡面作個
大髮髻，用U型夾固定。

6●頭頂的髮尾作個漂亮的
小髮髻，以髮夾固定。

7●髮帶打一個結，別在大
髮髻上。

配合單衣顏色的蝴蝶結造型，
媽媽也會做！

布製蝴蝶結配合小孩臉
型，自己調節大小後用髮夾
固定。

1 ●在耳朵與耳朵之間分線，將頭髮
分為前後部分。前面頭髮與側面頭
髮一起用黑色橡皮筋在側面紮緊。

2 ●後側如照片所
示斜分。

3 ●各髮束向上梳
，用黑色橡皮
筋紮住。

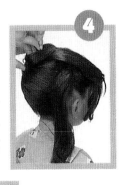

4 ●左側向上斜，像覆蓋頭髮似的，
右側也拉至頭頂部，在橡皮筋附近
用髮夾固定。從右側拉起的髮束尾
巴在頭頂捲8字形後，用髮夾固定
。此時髮尾向前擴散。另一側呈圓
形以髮夾固定。

5 ●前面的頭髮也
像8字形一樣，
用髮夾固定在前
頭部。

6 ●布蝴蝶結調
整至適當形狀
後別在前面頭
髮上。

7 ●後面裝飾髮帶
以髮夾固定。

高聳和服型 —— 89

兩鬢攏不上的短髮飄得很可愛，這是簡單盤起的造型。可用可愛髮夾裝飾。

配合單衣顏色的蝴蝶結或髮夾是重點。

1●後側頭髮中分，在耳後位
置綁橡皮筋。

2●馬尾部分提起交叉。

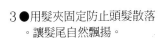

3●用髮夾固定防止頭髮散落
。讓髮尾自然飄揚。

4●在後頭部交叉部分別上
喜歡的蝴蝶結。

5●前面頭髮扭轉向上用髮
夾固定，如果有可愛裝飾
品更佳。

馬尾綁辮子的清爽髮髻型。

用裝飾U型夾固定辮子髮髻的造型。裝飾品不同就會呈現不同風貌。

1●頭髮全部用水
沾濕,梳整齊後
綁馬尾。

2●尾部編6～8條
辮子。

3●每2條辮子做一個
髮髻,髮尾塞到裡面
,在頭頂部用U型夾
固定。

4●別上喜歡的蝴
蝶結即可。

好像一個大蝴蝶結的迷人造型。
前面的瀏海也用單條夾作出造型！

這是將頭髮本身設計成蝴蝶結的可愛造型。

1●頭髮全部抹上慕斯，梳
　成一個馬尾。尾部取一
　小撮頭髮捲在馬尾結上
　，髮尾留著。

2●馬尾頭髮分成2等分，用
　半個拳頭大的假髮束捲至髮
　根處，用U型夾固定。（照
　片為使讀者看清楚，所以使
　用金色假髮束，實際上應該
　用黑色）

3●後面剩下的髮束當做蝴
　蝶結的中心，往前用髮夾
　固定。其餘髮尾捲在橡皮
　筋周圍用髮夾固定。

4●前面瀏海也分為左右，
　用單條夾夾成圓形，成
　型後取下。

5●最後別上蝴蝶結
　完成。

## 睡醒後使髮型復原……

經過一晚睡眠後，頭髮可能一塌胡塗。這時將頭髮打濕重新用吹風機吹。最近市面出現起床後使頭髮復原的噴霧造型液也不錯。另外也可用蒸氣毛巾覆蓋在髮型不整處，但注意別燙傷了。

## 為頭髮稀疏而困擾……

頭髮少的小孩，應避免用削刀剪層次，最好留髮尾一樣長的短髮。另外在吹頭髮時，要從髮根部分拉起，以使頭髮蓬鬆。如果讓一直留長不修剪，髮尾會愈來愈疏細，造成累贅的印象。就算想留長頭髮，也應該定期修剪。

# 舒適清爽型

簡單的清爽型髮型，適合每天不停活動的小孩。但每天髮型都一樣，總覺得很乏味，只要一點小變化，就可使整個表情改變。以下介紹幾款清爽造型，可配合場合打扮。

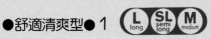

用迷你梳即可簡單作出的造型。

不必使用橡皮筋，只用迷你梳即可設計出的造型。與迷你梳相同顏色的小飾品是重點。

1 ●將頭髮以噴槍噴
　濕。

2 ●在頭頂部取一撮
　頭髮，捲成圓形
　用迷你梳固定。

3 ●可在梳齒之間
　再以髮夾固定，
　避免頭髮鬆散。

4 ●兩側頭髮向上捲
　，髮尾用手捲向
　內側，停在迷你
　梳的位置。最後
　在兩側夾髮夾。

長頭髮最基本的就是梳理，一遍又一遍地將頭髮梳理得清爽清楚。

不怕麻煩地一次又一次梳理頭髮，從髮尾順序往上梳是使頭髮優美的訣竅。

1 ●將頭髮以噴槍噴濕。

2 ●將頭髮分成4層梳理。先梳後方最下層。

3 ●依後側、頭頂、兩側順序梳理。用滾筒型梳子從頭髮內側梳，吹風機也順著梳子的方向，從上往下慢慢移動。

4 ●前面瀏海往內吹。

5 ●戴上髮箍即完成。

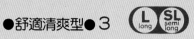

流行的外捲式髮型
很跟得上時代！

這是外捲的清爽造型。將傳統的髮箍換掉，代之以太陽眼鏡。

1●髮尾上捲子，捲
　至下顎位置。

2●再用滾筒型梳子以吹
　風機往外吹捲。吹風機
　向著髮尾。

3●前面頭髮抹些慕
　斯，再用梳子梳理
　。

4●戴上太陽眼鏡當
　髮箍。

基本的辮子，以瀏海為重點更俏麗。

可以將髮束綁在高一點的位置，或者加1條髮帶一起編成辮子。基本辮子編法有許多應用方式。

1 ●瀏海旁分，各
　從耳後開始編辮
　子。

2 ●用齒狀夾夾住
　髮尾（當然用彩
　色鬆緊帶、橡皮
　筋也可以）。

3 ●瀏海往側面梳
　順，噴些定型液
　。

舒適清爽型 —— 105

有清潔感的髮型。
前髮髮夾有裝飾作用。

半長不短的頭髮，編辮子髮尾往內塞，給人清爽的印象。

1 ●兩側頭髮
沿著側臉線
編辮子，以
黑色橡皮筋
固定。

2 ●左右髮尾均往內
塞，以夾子固定在
髮際部分。

3 ●前面頭髮兩
側夾裝飾品。

馬尾綁在高位置更可愛！

型如其名，真的像馬尾的造型。將重點放在裝飾橡皮筋或鬆緊帶上。

1 ●將頭髮以軟墊
梳梳至頭部最高
位置。

2 ●用黑色橡皮
筋固定之後，
在上面套彩色
髮帶，以確保
髮束的緊度。

3 ●將髮結附近
的髮尾左右拉
開。如此會使
尾部擴散，感
覺更柔順。

像玩具一樣的造型，很適合出外郊遊。

這是只有小孩可以享受的造型。什麼形狀都可以，充滿童心的造型。

1 ●除瀏海外，其餘頭髮分成6束，用黑色橡皮筋固定。在髮根處綁上金屬線，一直纏繞至髮尾。

2 ●金屬線繞至髮尾的狀態。

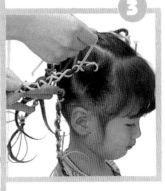

3 ●再將彩色鬆緊帶纏上。

4 ●最後髮尾依喜好形狀用髮夾固定。

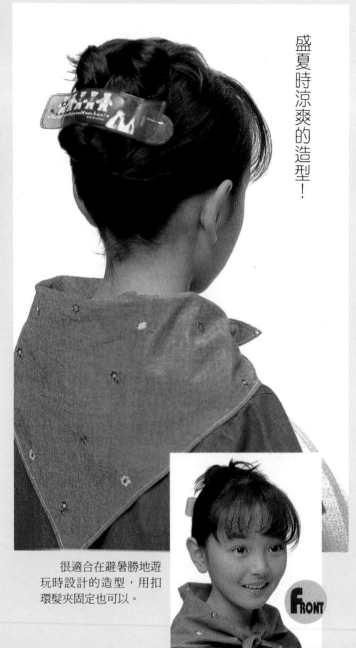

盛夏時涼爽的造型！

很適合在避暑勝地遊
玩時設計的造型，用扣
環髮夾固定也可以。

FRONT

1 ●除瀏海外，全部
頭髮集中在後頭部
，髮尾分成 2 束向
上扭轉。

2 ●扭轉適當位置。

3 ●扭轉的馬尾部分
做成圓形狀，髮尾
往上露出。

4 ●用大型齒狀夾固
定（雙條夾）。

5 ●最後讓髮尾自然飄揚。

用彈簧髮箍的迷人造型。

　　將瀏海全部梳往後面，露出美麗的額頭，令人有煥
然一新印象。為防鬆散需用髮夾裝飾固定。

1●前面頭髮抹慕斯。

彈簧髮箍套在
脖子上。

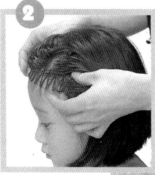

2●彈簧髮箍套在
脖子上，然後從
最下方往上拉，
小心不要讓頭髮
散落。

3●可在兩側夾髮
夾，以防頭髮散
落，亦可兼做裝
飾品。

自然捲或燙過頭髮的小孩，只要2支髮夾就別出漂亮髮型。

這是從長髮至短髮均可設計的簡單造型。只要在耳上別2支髮夾就 OK 了。

1●用尾梳將頭髮中分。

2●自然捲或燙過頭髮的小孩，先在頭髮上抹慕斯，減少些蓬鬆感。

3●從左右耳斜上別髮飾即可。

許多細辮子上別彩色髮夾，
令人目不暇給！

嫌全頭編辮子太麻煩的人，也可在兩側編辮子就好。或者先綁馬尾，再於馬尾上編許多辮子，變化非常多。請媽媽自行應用。

1 ●除瀏海外，整頭頭髮
編成許多小辮子，注意
辮子不要翹起。照片所
示約 20 條辮子。

從側面看的樣子。兩
耳之間分線。

2 ●髮尾以黑色橡皮筋
固定，再別上自己
喜愛的髮飾即可。

不論上學或郊遊
都很適合的萬能造型。

　　這種髮型第一要件是用梳子將前後頭髮分清楚。注意頭頂髮飾的搭配。

1 ●利用尾梳從側面耳
　朵上往頭頂部斜分線
　（除了瀏海之外）。

2 ●用黑色橡皮筋紮緊。

3 ●繫上美麗的髮飾即可。

紅色皮蝴蝶結編成可愛的馬尾造型。

適合自然捲及頭髮少的小孩。將尾部分成數段的造型很可愛。

1 ●頭髮全部抹上慕斯，
在頭部最高位置綁馬尾
，尾部再用橡皮筋綁成
數小段。分段部分的頭
髮中，用手指拉出一小
撮，製造蓬鬆感。

2 ●在馬尾根部綁皮革
蝴蝶結，尾部也用皮
帶纏繞。

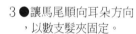

3 ●讓馬尾順向耳朵方向
，以數支髮夾固定。

4 ●前面瀏海紮成一束，
用髮夾夾成小圓形，別
上皮蝴蝶結。

後面樣子很可愛的辮子造型。

側面看起來很俐落
的造型。繫上可愛的蝴
蝶結亦可。

1●全部頭髮梳順
，兩側髮束分上
下２段，各編辮
子。取頭髮時，
用尾梳斜上分線
即可。

2●上方左右２條辮
子在後側中央交
叉，扭轉數次後
繫上髮飾。

3●下方左右的
辮子也一樣在
後側交叉，扭
一圈後繫上髮
飾。

用彩色迷你夾編出可愛造型。

將小撮頭髮扭轉後夾上迷你齒狀夾的造型簡單又俏麗。髮尾自然成型更是朝氣蓬勃的樣子。

1 ●綁個馬尾。

2 ●馬尾束分
　成 5～6 等
　分，扭轉後
　向各個方向
　以迷你齒狀
　夾固定。

3 ●也取一些
　瀏海以迷你
　齒狀夾夾住
　。

像小白兔的耳朵一樣，2個可愛的髮結是許多人喜歡的造型！

長髮女孩都必定綁過的可愛造型。如果想稍微變化一下，可在後側分線上下工夫。

# ●●● PROCESS ●●●

1 ●除瀏海外，其
餘頭髮分成2等
分。

2 ●左右在等高位
置綁橡皮筋。

3 ●橡皮筋上繫喜
愛的髮飾。

清爽的運動少年，彷彿迎風前進似的，前髮是重點。

男孩子的前面頭髮豎起來，就會給人不同的印象。為了避免激烈運動後破壞髮型，以髮夾固定後再拆除是重點。

1●全部頭髮
抹上慕斯後
旁分。

2●前面頭髮從
下往上吹高。

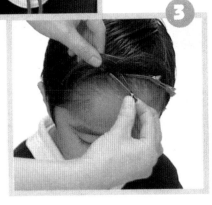

3●用單條夾
夾在想豎
起的位置
，待造型
穩定之後
再拆除。

用慕斯設計出蠻不在乎
模樣的城市男孩造型。

用手創造具有動感的髮尾表情。前面頭髮太重的話，
利用剪刀縱向修剪一些。

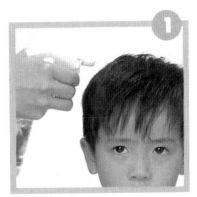

1 ●頭髮以水
噴濕。

2 ●均勻地抹上
慕斯。

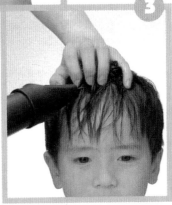

3 ●以吹風機
將髮根吹豎
起，一面用
手整理出自
然的感覺。

## 頭髮受傷時怎麼辦……

　　小孩子的頭髮比大人細柔，容易糾結。而且如果濕著頭髮睡覺，或濕著頭髮梳頭，都會對頭髮造成莫大的傷害。洗髮時或用毛巾擦頭髮時摩擦頭髮，也是造成頭髮分叉、斷裂的原因。髮尾受傷後，應該剪除，和大人一樣使用受損頭髮專用的護髮霜。長頭髮小孩編辮子時，注意不要使頭髮纏在一起。

## 小孩特有的汗毛該怎麼辦……

　　小孩的汗毛比大人多，半長不短很難處理，但不可以剪掉，否則頭髮會變硬，反而更難應付。如果前額汗毛妨礙造型時，可抹點慕斯，使之自然與其他頭髮混在一起。作高聳造型時，額頭上的汗毛輕柔而飄，正顯出小孩獨特的味道。如果真的很在意，就用夾子固定後以慕斯抹掩飾。

國家圖書館出版品預行編目資料

小孩髮型設計／ Marvel P.D.Clip 著；李芳黛譯
－初版－臺北市，大展，民 88
面；21 公分－（婦幼天地；52）
譯自：かわいいこどもヘアハンドブック
ISBN 957-557-945-3（平裝）

1. 髮型

425.5                                        88011092

KAWAII KODOMO HAIR HAND BOOK
© K..K. IKEDA SHOTEN 1996
Originally published in Japan by IKEDA SHOTEN PUBLISHING CO., LTD
in 1996. Chinese translation rights arranged through
KEIO CULTURAL ENTERPRISE CO., LTD in 1996
版權仲介：京王文化事業有限公司

# 小孩髮型設計                ISBN 957-557-945-3

原 著 者／Marvel P.D.Clip
編 譯 者／李 芳 黛
發 行 人／蔡 森 明
出 版 者／大展出版社有限公司
社　　 址／台北市北投區（石牌）致遠一路 2 段 12 巷 1 號
電　　 話／(02) 28236031・28236033
傳　　 真／(02) 28272069
郵政劃撥／01669551
登 記 證／局版臺業字第 2171 號
承 印 者／國順圖書印刷公司
裝　　 訂／嶸興裝訂有限公司
排 版 者／千兵企業有限公司
初版 1 刷／1999 年（民 88 年） 10 月

定　 價／250 元